# De l'Or
# Dans votre jardin !

Gagnez de l'argent avec un élevage rentable !

Édition : BoD - Books on Demand, info@bod.fr
Impression : BoD – Books on Demand,
In de Tarpen 42, Norderstedt (Allemagne)
Impression à la demande
Dépôt légal : juin 2024
ISBN : 978-2-3225-3876-8

# Notes personnelles

# SOMMAIRE

# AVANT PROPOS

Dans cet ouvrage je m'adresse aux débutants qui souhaitent se passionner par l'élevage d'escargots. Je souhaite leur transmettre les connaissances essentielles pour réussir dans leur première aventure d'éleveur.

Je vous guide à travers chaque étape de la conduite d'un petit parc d'engraissage de l'escargot : depuis la conception initiale du projet jusqu'à la préparation minutieuse des chairs.

La construction du parc constitue une première étape cruciale. Vous découvrirez des conseils pratiques pour concevoir un environnement optimal, favorisant le bien-être et la croissance des escargots ; des détails sur la sélection du site d'établissement. Le choix des matériaux et l'aménagement pensé pour leur confort et leur développement seront abordés.

Au fil des pages, je partage des astuces éprouvées, illustrées par des photographies explicatives et des tableaux informatifs. Ces ressources visuelles viennent renforcer les explications, offrant ainsi une compréhension approfondie des différentes phases techniques de l'élevage des gastéropodes.

La préparation finale des chairs, moment déterminant pour la qualité du produit fini est détaillée avec précision. Vous découvrirez une méthode efficace pour garantir une chair savoureuse et de bonne qualité répondant aux normes les plus exigeantes.

En lisant cet ouvrage enrichi de conseils avisés, vous aurez toutes les clés en main pour réussir votre premier élevage de "gros-gris", en évitant les écueils fréquents et les erreurs du débutant. Que vous soyez animé par une passion naissante ou que vous envisagiez sérieusement l'élevage d'escargots, cet ouvrage sera votre compagnon indispensable dans cette aventure unique et enrichissante.

# BIEN UTILISER CE GUIDE

Le Petit Larousse donne la définition suivante pour l'héliciculture : élevage des escargots.

De nombreux ouvrages ont été consacrés sur ce sujet ( Exemple : Edition Vecchi).
Ce livre ne prétend pas présenter une énième méthode d'élevage, d'autant plus qu'une approche complète serait difficile à élaborer étant donné que la partie consacrée à la « reproduction-nurserie » n'est pas abordée.
L'objectif ici est plus empirique : fournir à l'amateur débutant à partir d'un modèle de parc d'engraissage des idées, des informations claires et précises qui lui seront utiles pour bien démarrer une petite activité hélicicole pour se faire plaisir , mais aussi régaler ses proches et amis.

Qui peut se lancer dans un élevage de gastéropodes ?

Je dirais : n'importe qui suffisamment motivé et passionné ! Il suffit de disposer d'environ 40m2 de terrain ou plus selon la production souhaitée ; de bien se documenter, de ne pas craindre de commettre des erreurs et de commencer...

Les principes et la méthode décrite dans cet ouvrage ne s'adressent pas spécifiquement à ceux qui aspirent à devenir un professionnel immédiatement.
Bien que reposant sur de nombreuses lectures et une expérience pratique avec une certaine réussite, ma méthode reste atypique, demeurant encore empirique et sujette à amélioration. Elle demeure avant tout un moyen de satisfaire une passion, un passe-temps, ou de remplir le temps libre d'un retraité courageux, mais, pourquoi de susciter une reconversion professionnelle.
Vous aurez alors le plaisir de voir se développer vos escargots, en l'espace de 4 à 5 mois ; vous verrez leur taille passer de quelques millimètres à 4 centimètres et pour certains à un diamètre supérieur pour atteindre un poids de 20 grammes!
Ecoutez les 'brouter' le soir au moment du nourrissage,  c'est une 'musique' à peine perceptible générée par cent mille individus grâce à leur langue dénommée radula qui agit comme une rappe au contact de la nourriture...
Le professionnel en devenir devra envisager : soit de suivre une formation théorique, soit de consacrer deux ou trois années dans l'expérience pratique sur le terrain, en suivant les conseils avisés de professionnels déjà établis et reconnus pour leur professionnalisme dans le but d'approfondir ses connaissances et ainsi,

espérer réaliser à moyen terme un revenu substantiel avec sa production d'escargots.

Il lui sera dès lors nécessaire d'investir dans un laboratoire de production aux normes Européennes afin de garantir une qualité constante dans le respect des règles sanitaires pour développer une activité commercialisation rentable.

Plusieurs formations théoriques et pratiques sont disponibles pour ceux qui souhaitent se former à l'héliciculture, que ce soit en tant qu'amateur passionné ou en vue d'une future activité professionnelle.

Voici quelques options :

➢ Formations Théoriques.

**Cours en Ligne :** Certains instituts et organisations proposent des cours en ligne sur l'héliciculture, couvrant des aspects théoriques tels que la biologie des escargots, les méthodes d'élevage, les normes sanitaires, etc. Ces cours peuvent être accessibles à tous, indépendamment de leur emplacement géographique.

**Ateliers et Conférences :** Des ateliers et conférences organisés par des associations d'héliciculteurs, des institutions agricoles ou des experts du domaine peuvent également fournir des informations théoriques approfondies.

**Livres et Publications :** Des ouvrages spécialisés, écrits par des experts en héliciculture, peuvent être une source précieuse d'informations théoriques. Certains livres abordent des sujets tels que la biologie des escargots, les techniques d'élevage, la réglementation, etc. Voir le chapitre Bibliographie, mais certains ouvrages ne sont malheureusement plus réédités.

➢ Formations Pratiques :

**Stages sur le Terrain :** Certains héliciculteurs expérimentés proposent des stages pratiques sur le terrain. Ces stages permettent aux participants d'acquérir une expérience directe dans la gestion d'un élevage d'escargots.

**Formations en Ferme-École :** Certains établissements proposent des formations en ferme-école, où les participants peuvent apprendre les techniques d'héliciculture en travaillant directement dans une ferme spécialisée.

**Accompagnement Professionnel :** Certains professionnels de l'héliciculture offrent des services d'accompagnement personnalisé, aidant les personnes intéressées à mettre en place et gérer leur propre élevage d'escargots.

Une offre de formation en héliciculture à conforter (source : RAPPORT 21130-P du CGAAER établi par A.Dufour et P.Falcone) , qui sont :

**1/** L'établissement public local d'enseignement et de formations professionnelles agricoles de Chambéry - Lamotte-Servolex (lycée Reinach – 73) qui délivre en 6 mois un titre professionnel "Héliciculteur, éleveur d'escargots" (525 heures soit 385 h dans le centre et 140 heures en entreprise).

**2/** Le centre de formation de Chateaufarine (25) qui dispense une formation en héliciculture par modules, intégrée dans le BPREA26 : formation en production (6 semaines) et en transformation (3 semaines). Cette modularité permet de suivre sur une année, le cycle de développement de l'escargot. Des formations courtes sont également proposées pour les étudiants ne préparant pas un BPREA.

**3/** Plus récemment, le centre de la Ferme expérimentale des Trinottières à Montreuil sur Loire (49) a développé un titre professionnel générique « éleveur » avec un module « héliciculture » ; cet établissement est soutenu par la Chambre régionale d'agriculture des Pays de la Loire. C'est une formation longue destinée à couvrir la durée d'un cycle de production. Le public visé est celui de professionnels agricoles (BTS minimum). Cette formation vise à développer une offre de commercialisation de naissains et de juvéniles. »
L'héliciculteur amateur s'il souhaite apprendre le métier devra vérifier la réputation et la qualité des programmes de formation proposés, en s'assurant qu'ils répondent aux normes et réglementations locales en matière d'héliciculture.
Des associations professionnelles telles que l'Association Française des Héliciculteurs Professionnels peuvent également fournir des informations sur les formations disponibles.
En entre 1981 et 1984 L'Institut technique de l'aviculture (ITAVI) et L'Institut national de la recherche agronomique (INRA) ont élaboré une documentation technique en 4 volumes des résultats obtenus au centre hélicicole de l'ITAVI au domaine du Magneraud à Surgères. Les expérimentations ont été conduites sur 4 ans 1980 et 1983. Quatre volumes ont été édités :
Volume 1 et 2 :  Importance de l'origine des géniteurs, résultats préliminaires de la phase engraissement et résultats de l'élevage mixte.
Volume 3 : Importance de l'hibernation pour la reproduction, importance de la taille des jeunes et de la date de la mise en engraissement en parc extérieur.
Volume 4 : Possibilité d'utilisation de parc d'engraissement à l'intérieur de bâtiment non aménagé, importance de la charge biotique en engraissement.

Ces documents sont malheureusement difficiles à se procurer de nos jours.

# INTRODUCTION A L'HELICICULTURE

Avant de s'immerger dans le monde passionnant de l'héliciculture, le débutant enthousiaste doit d'abord se familiariser avec la variété d'espèces d'escargots qui peuplent ce domaine d'activité. Un prérequis indispensable consiste également à acquérir une compréhension au minima de l'anatomie et de la morphologie des principaux gastéropodes comestibles.

A l'exception des caractéristiques de l'escargot d'écrites ici succinctement, cette section ne plonge pas directement dans les détails anatomiques de l'animal.
Elle invite le lecteur à explorer ces aspects en parcourant des ouvrages de vulgarisation, une bibliographie détaillée étant disponible dans de nombreux ouvrages édités pour une information approfondie.

Par ailleurs, dans la perspective d'une potentielle démarche commerciale, l'amateur est invité à se plonger dans les textes officiels qui établissent les règles et les normes européennes. Les domaines couverts sont vastes, allant de l'hygiène alimentaire à la commercialisation, sans oublier : la préparation, le conditionnement, l'étiquetage ; chaque étape du processus étant minutieusement réglementée.

Cette lecture préalable se révèle essentielle pour naviguer avec succès dans le monde complexe de l'héliciculture où une conformité rigoureuse aux normes garantit une qualité optimale. C'est ainsi que l'amateur, guidé par la connaissance et la réglementation, peut se lancer dans cette expérience unique avec assurance et enthousiasme.

| **MORPHOLOGIE ET NORMES ESSENTIELLES** |
|:---:|

- L'anatomie de l'escargot:

Les caractéristiques anatomiques de l'escargot présentent certaines variations en fonction des espèces,  voici une description générale de l'Helix Aspersa ou Pomatia.

**La Coquille** : Externe et dure, elle protège le corps de l'escargot. Généralement en spirale, la coquille est sécrétée par le manteau,

**Le Manteau** : C'est une membrane qui est située sous la coquille, le manteau sécrète le carbonate de calcium qui forme la coquille.

**Le Pied** : Grande surface musculaire située sous le manteau, le pied sert à pour la locomotion de l'escargot qui se déplace en sécrétant du mucus, réduisant ainsi la friction avec la surface.

**La Tête** : Abritant les organes sensoriels tels que les tentacules, la tête comprend des tentacules oculaires plus longs portant des yeux à leur extrémité, et des tentacules buccaux plus courts portant l'organe olfactif.

**Les Yeux** : Situés à l'extrémité des tentacules oculaires, les yeux des escargots sont sensibles à la lumière et aux formes, bien que leur vision soit limitée.

**La Bouche** : À la base des tentacules buccaux, la bouche des escargots est généralement utilisée pour se nourrir de végétation. Ils utilisent une structure radulaire pour râper et manger leur nourriture.

**La Radula** : Structure dentée dans la bouche, la radula sert à râper la nourriture en morceaux plus petits avant l'ingestion. Elle est composée d'environ 700 à 1200 dents.

**Le Système Digestif** : Composé de l'œsophage, de l'estomac et de l'intestin, le système digestif débute dans l'estomac où la nourriture se mélange à des enzymes digestives.

**Le Système Respiratoire** : Les escargots respirent grâce à un poumon primitif appelé poumon palléal, situé à l'intérieur de la coquille.

**La Reproduction** : Hermaphrodites, les escargots possèdent des organes reproducteurs mâles et femelles, mais nécessitent toujours un partenaire pour la reproduction. La température extérieure, l'hygrométrie, peuvent à l'époque de la reproduction modifier le métabolisme de l'animal.

Il est essentiel de souligner que l'anatomie de l'escargot peut varier en fonction de l'espèce et de son environnement.

**Le Naissain** :  C'est l'ensemble de la ponte de l'escargot, et aussi le premier$^r$ âge.

**Le juvénile** :  C'est le naissain âgé de 12 à 20 jours.

➢    Les différentes espèces

- **Les espèces comestibles**

En Europe, les espèces d'escargots qui donnent lieu à un commerce ou à une industrie appartiennent soit à la famille des HELICIDAE, genre HELIX, soit à la famille des ACHATINIDAE, genre ACHATINA.

Pour ces 2 familles, il existe 4 dénominations communes commercialisables :
- L'escargot 'de Bourgogne' appartenant à l'espèce HELIX POMATIA ,
- L'escargot 'Petit-gris' appartenant à l'espèce HELIX ASPERSA MULLER,
- L'escargot 'Achatine' appartenant à l'espèce ACHATINAN FULICA
- L'escargot Cornu aspersum Anciennement Helix aspersa, cet escargot est souvent appelé escargot de jardin ou escargot des vignes.

Depuis de nombreuses années, certains professionnels de l'Héliciculture expérimentent des croisements à partir de souches HELIX sélectionnées dans le but d'améliorer certaines qualités : morphologique, gustative, d'apparence, mais aussi de rendement et de résistance aux maladies.
C'est ainsi que la race ' Gros-gris' dite 'Blond-des-Flandres' a  vu le jour et qui toutes les deux appartiennent à l'espèce HELIX ASPERSA MULLER MAXIMA.

Selon les régions d'élevage, en France, ces deux variétés peuvent être préférées par les éleveurs à l'espèce 'Petit gris', pour des critères de rentabilité ou de préférences alimentaires de clients locaux.

D'autres espèces, plus petites sont consommées en France, et dans les pays méditerranéens. On dénombre ainsi :

- La 'Mourguette'

- L'escargot des jardins (petit blanc),

- L'escargot des dunes,

- L'Helicelle, et l'Otala

- **Les espèces élevées en France**

Dans les parcs des professionnels de l'héliciculture, deux variétés font l'objet d'élevages contrôlés pour un but commercial :

- Le petit-gris, (helix aspersa Mûller)
- Le gros-gris, (hélix aspersa Müller maxima), genre « Le Blond-de-Flandre » .

L'espèce HELIX POMATIA communément dénommée 'Escargot de Bourgogne' ne fait pas l'objet d'un élevage industriel, mais seulement d'un ramassage réglementé, qui dans certains pays provoque depuis peu la raréfaction de l'espèce, voire sa disparition à court terme (problèmes climatiques principalement). Il a noté que l'espèce POMATIA ne peut pas être élevée en parc, car cet escargot se reproduit exclusivement en liberté.

Les élevages d'escargots en France sont souvent soumis à des normes de qualités strictes pour garantir la salubrité des produits destinés à la consommation humaine.

- ### **Les espèces non comestibles**

Certains escargots ne sont pas bons à manger et peuvent même être toxiques. Par exemple : il existe l'escargot de sable,  le Zonite algirius ou escargot peson et des escargots turcs qui ne sont peu comestibles.

En outre, les limaces, qui sont un type d'escargot sans coquille, ne sont généralement pas consommées en raison de leur texture répugnante. Certains escargots de jardin, comme l'escargot des haies, sont évités en héliciculture commerciale car ils sont petits. Il est important de noter que la décision de considérer un escargot comme comestible ou non peut varier selon les endroits et les habitudes alimentaires. Avant de manger un escargot trouvé dans la nature, il est essentiel de s'assurer qu'il est sans danger, car certaines espèces si elles ne sont pas nocives, ne présentent pas de qualité gustative.

Par exemple :
- L'escargot des sables ou Helix lampas.  Cette espèce est souvent présente dans les zones côtières, elle est généralement considérée comme non comestible.
- L' escargot turc ou Eobania vermiculata.  Il est présent dans certaines régions, il n'est pas ou peu consommé en raison de son goût amer.
- 

J'invite le lecteur à se documenter page 59 pour plus d'informations sur les différentes espèces d'escargots.

# ORIGINE DE L'ESCARGOT 'GROS-GRIS'

La souche de l'escargot dit gros-gris vient d'Afrique du Nord. Elle a été introduite en France en 1978 par la société Gasteropolis (qui a disparu depuis). A l'époque cet escargot ne se reproduisait qu'en automne-hiver et estivait l'été). Il a été "désaisonné" par des éleveurs en 8 à 10 générations, ce qui a permis son élevage en parcs extérieurs suivant le cycle printemps-été. A l'origine la souche comportait des manteaux (bourrelet pareal) noirs et d'autres blancs, cette sélection qui ne portait pas sur la couleur a néanmoins éliminé les "manteaux blancs". Aujourd'hui, il semble bien que tous les Gros-Gris à manteau noir utilisés en élevage en France descendent de cette sélection. C'est par la taille une fois adulte que l'on distingue le "petit-gris" de son cousin le Gros-Gris. Cet escargot mesure de 40 à 45 mm pour un poids adulte de 19 à 30 g.

Il est important de noter que l'élevage d'escargots en France est une activité spécialisée et nécessite une connaissance approfondie des besoins spécifiques de ces animaux. Les producteurs d'escargots peuvent être regroupés au sein d'associations professionnelles qui encouragent les bonnes pratiques d'élevage et soutiennent le développement de cette filière.

Source :  Rapport 21130-P du CGAAER   juillet 2022 - Page 7/51

*« Les escargots consommés en France appartiennent à 2 genres d'Hélicidae (Cf. annexe 4) : • Le genre Hélix avec 2 espèces : Helix pomatia (escargot de Bourgogne) et Helix lucorum (escargot turc). De fait de leur biologie (cycle de reproduction long), ils ne font pas l'objet d'élevage. Ils sont issus du ramassage pratiqué dans les pays situés au nord des Balkans pour Helix pomatia et dans le bassin du sud des Balkans pour Helix lucorum. • Le genre Cornu avec l'élevage de 2 sous-espèces de Cornu aspersa : Cornu (Helix) aspersa aspersa ou « petit gris » et Cornu (Helix) aspersa maxima ou « gros gris ». Depuis 2013, le code des usages « Conserves d'escargots et d'achatines sans coquille » précise : • La dénomination « Escargots » est réservée aux conserves préparées exclusivement avec des gastéropodes terrestres appartenant aux espèces Helix pomatia Linné, Helix lucorum et Helix aspersa. • La dénomination « Escargots de Bourgogne » est réservée aux conserves préparées exclusivement avec des escargots de l'espèce*

*Helix pomatia Linné. ● Les dénominations « Escargots gris » et « Escargots petits gris » sont réservées aux conserves préparées exclusivement avec des escargots de l'espèce Helix »*

Dans cet ouvrage, il sera question de l'espèce Aspersa Muller Maxima appelé communément Gros-Gris. Cet animal s'adapte particulièrement bien à l'élevage au sol mais aussi hors sol en bâtiment clos contrairement à notre petit gris Méditerranéen qui dans ces mêmes conditions stresse à la moindre variation anormale d'un paramètre d'hydrométrie, de température, de photopériode d'une concentration biomasse élevée ou d'une mauvaise alimentation. Ce qui est très intéressant chez le gros-gris compte tenu de sa rapidité d'adaptation et de sa rusticité, c'est la possibilité d'obtenir un escargot d'un poids de 19 grammes en 4 ou 5 mois ou de 16 grammes en 3 ou 4 mois, et de ce fait de pouvoir produire une belle chair de plus de 4 g très demandée par les professionnels de la conserve.

# CREATION D'UN PARC EXPERIMENTAL D'ENGRAISSAGE

L'Héliciculture reste un domaine d'activité fragile, de nos jours peu développés en France, à l'instar de l'aviculture de l'ostréiculture ou de l'apiculture par exemple.

*'Il est important de noter que le métier d'éleveur d'escargots ne peut être improvisé. Il nécessite une véritable passion et une compétence pour observer les animaux et réagir rapidement en cas de problème. La formation des éleveurs est jugée essentielle, exigeant une réflexion approfondie sur les aspects techniques et économiques avant une installation.'*
*'Bien que l'héliciculture nécessite des installations relativement restreintes par rapport à d'autres productions animales, elle demeure un métier du vivant exigeant des compétences spécifiques. Cependant, près de 50 % des nouveaux éleveurs n'ont pas de diplôme en lien avec l'héliciculture, ce qui pourrait expliquer la disparition rapide de nombreuses exploitations. Cette activité manque souvent de professionnalisme En 2020, la durée de vie moyenne des fermes hélicicoles était de 5 ans, ne montrant aucune amélioration sur une période de 7 ans, ce qui entraîne une mauvaise perception de la profession auprès des professionnels de l'élevage'.* Source Rapport 21130-P du **CGAAER**

Bien que les bases de la conduite des élevages soient connues, les changements climatiques, en particulier le réchauffement climatique nécessitent une remise en question de certaines pratiques, notamment la densité d'escargots dans le parc.

Actuellement, la biomasse dans les élevages français est d'environ 250 à 300 "gros gris" par mètre carré. Certains éleveurs expérimentés soulignent que les enseignements n'ont pas encore intégré les évolutions climatiques, plaidant en faveur d'une diminution des densités pour limiter la propagation des maladies bactériennes, comme observée dans les fermes hélicicoles de l'est de l'Europe.

La réalisation d'un parc clos destiné à contenir un élevage d'escargots animaux doit faire l'objet avant tout d'une longue réflexion, d'un peu d'imagination et d'une description claire sur papier.
On peut bien sûr copier ou s'inspirer d'un modèle existant, à condition que ce dernier s'adapte au type d'élevage souhaité et respecte certaines règles de construction : bâtiment ou extérieur.

Dans cet ouvrage je soumets au lecteur un type de parc dit 'en rectangle' qui offre l'avantage d'être accessible, sécurisé et facile d'entretien pour une petite production.

Pour ce qui concerne l'héliciculture, cette activité peut être pratiquée soit en bâtiment dur ou sous serre, soit en terrain ouvert naturel. L'élevage peut être pratiqué par la méthode dite 'hors sol' ou sur terre battue avec ou sans couvert végétal. La présente méthode s'appuiera sur un parc clos en milieu naturel et ouvert offrant une couverture végétale.

**Pourquoi le choix d'un parc d'engraissement en extérieur clos et ouvert ?**

Tout simplement pour une question de cout d'investissement. La production d'un élevage en bâtiment fermé n'est améliorée que sur un seul critère : la prédation naturelle (rongeur, oiseaux etc…). Mais il est toujours possible de diminuer ce risque dans un parc ouvert en posant un filet anti-oiseaux et en préparant le sol de manière à limiter l'intrusion des rongeurs : utilisation du verre pilé en sous couche et dans la tranchée lors de la pose du filet anti-évasion.
En revanche, l'hygrométrie est plus facilement contrôlable dans un bâtiment clos, mais l'installation d'appareils spécifiques de régulation de la température et l'humidité augmente le coup de l'investissement.
Bien qu'il soit plus agréable de travailler en bâtiment contrôlé, surtout en période chaude lors du ramassage, l'amateur ne retiendra pas cet argument et se contentera de faire sa récolte aux heures les moins chaudes de la journée ou tôt le matin.
La construction d'un bâtiment ne s'impose vraiment que si l'héliciculteur souhaite créer une nurserie avec l'objectif de réaliser une production de naissains.
Cette activité et l'hibernation des escargots nécessitent un local clos conditionné, proportionnel au volume des reproducteurs sélectionnés et du volume de juvéniles souhaité.  L'appellation 'Naissain' identifie la ponte de l'escargots.

# **LA STRUCTURE DU PARC**

Faire le choix de la forme et de la dimension pour une meilleure optimisation.

De toutes les formes imaginables, la forme la plus optimale serait le…cercle.

Si on la compare avec les formes telles que le carré ou le rectangle, le cercle permet l'introduction d'un plus grand nombre d'abris, toutes proportions gardées, mais en contrepartie rend plus difficile son exploitation.

Les structures en carrée ou en rectangle de <u>grandes dimensions</u> sont utilisées, le plus souvent dans les fermes hélicicoles, mais nécessitent une intervention à l'intérieur du périmètre, ce qui peut compliquer sa réalisation et son exploitation.

La structure en rectangle appelée aussi « bande étroite » est de loin la plus intéressante. Certains professionnels l'ont adopté plus généralement. Il s'agit d'un parc aux dimensions suivantes : longueur variable de 10 à 100 mètres voire plus selon les terrains d'exploitation pour une largeur d'environ 1,20 à 2 mètres.

Ce type de parc peut contenir des abris et un couvert végétal réduit ou, un couvert végétal varié et pas d'abris. Les avantages dans ce type de structure résident dans l'absence de pénétration de la part de l'éleveur et, de la diminution des risques d'écrasement des escargots lors des interventions de nourrissage.

> ➤ Le parc rectangulaire de taille réduite ( 4 à 10 M2)

A l'origine ce parc était réservé à l'engraissement des escargots 'petits gris', dont les dimensions unitaires sont les suivantes :

- Longueur de 3,20 à 6,50m
- Largeur de 1,20 à 1,50 m
- Hauteur hors sol de 0,40 à 0,60m

L'héliciculteur peut intervenir dans tous les points du parc sans avoir besoin d'y pénétrer.

Du fait de la multiplication des unités, ce type de parc s'il est idéal pour un élevage modeste, il est néanmoins lourd à mettre en place et à maintenir dans le cas d'un élevage très important.

# LA CONSTRUCTION DU PARC

## Le choix du terrain :

Avant toute chose, il est important de choisir l'emplacement où sera construit le parc. Il devra être situé près d'un point d'eau, disposé d'une borne protégée d'alimentation électrique. La surface du terrain doit être plate et pas trop inclinée ; la nature du sol ne doit pas être trop sableuse, ni trop argileuse et ni trop acide. Enlever les cailloux en trop grand nombre ou important en taille, et ôter toutes les mauvaises herbes afin d'obtenir un sol propre.

Si la terre n'est pas souple, il faut alors l'amender avec un substrat de terreau horticole ne contenant pas d'élément acide.

Si le sol est trop argileux ou limoneux, il faut alors apporter du sable de rivière.

Si le sol est peu ou pas calcaire, il faut alors l'amender avec du calcaire (coquilles d'huitres pillées par exemple).

Eviter toute construction de parc sur un sol difficilement drainable naturellement pour supprimer le risque d'inondation par forte pluie qui noierait votre élevage.

Vous choisissez d'installer votre premier parc sur une parcelle nue ou engazonnée de dimensions : 8,20 X 4,20 mètres, soit une surface brute d'environ 40 m2, idéale pour un parc d'expérimentation et d'engraissage de huit à dix mille escargots juvéniles. Selon les résultats obtenus, il sera tout à fait possible de l'agrandir l'année suivante pour augmenter la production.

Si le gazon offre une couverture végétale idéale pour le fond, cela n'est pas suffisant et cette dernière sera aménagée pour offrir un couvert plus diversifié comme on le verra plus tard.

A partir d'un point d'eau naturel : un puits ou un robinet, il sera dès lors facile de créer un système d'irrigation programmable, sous réserve de la présence d'une prise électrique protégée à proximité du parc .

✓ L'ensoleillement du parc

Un parc peu ensoleillé augmente le taux d'humidité sous les abris et dans le couvert végétal. Cet état provoque un accroissement des parasites : acariens, grenouilles, crapauds , fourmis, limaces et engendre des maladies ou/et une prédation importante. L'éleveur devra alors limiter ses arrosages.

Un parc exposé à un fort ensoleillement surtout en été (en cas de canicule) oblige l'éleveur à surveiller le taux d'humidité au quotidien. Cette situation provoque l'apparition de prédateurs tel que : lézards, reptiles, coléoptères, fourmis. Elle fait diminuer le taux d'humidité sous le couvert végétal et sous les abris, ce qui est à terme néfaste aux escargots. L'éleveur devra alors augmenter le nombre des arrosages et/ou protéger son parc avec un filet d'ombrage.

- Les abris de type « bas »

Il existe plusieurs types d'abris qui offrent une surface de collage plus ou moins importante pour une même dimension de parc. En parc ouvert, la surface de collage utile limite la charge d'escargots (biomasse) à placer dans le parc. Certains éleveurs « chargent » leurs parcs à 200 - 350 escargots au M2. Pour mon parc expérimental, je charge par M2 environ 300 escargots pour l'espèce « Gros-gris ».

La localisation et la situation du parc déterminent le choix du type d'abris. Selon l'exposition au vent, il est préférable d'opter pour le modèle type « bas » qui conserve une plus grande humidité et évite l'évaporation trop rapide les jours de grand vent (mistral, tramontane en midi pyrénéen).

Le matériau le mieux adapté à la réalisation d'un abri est le bois de pin ou le sapin, car ils sont plus légers que le bois de chêne et à fortiori plus facile à manipuler au moment de la récolte. La dimension optimale d'un abri est la suivante :

- Longueur    90 / 100 cm
- largeur       40 / 45cm
- Hauteur 11,50 / 13 cm

L'abris est constitué par deux planches de bois juxtaposées de : 100 X 20 X 2,5 cm et réunies par deux tasseaux de 4cm de large et de 40 cm de long.  La planche est surélevée par deux tasseaux de 0,40 X 9 X 2,5 cm, cloués aux extrémités des planches.

Une planche de fond de 100 x 40 cm peut être clouée sur toute la longueur pour assurer une meilleure protection au vent et augmenter aussi la surface de collage.

- Calcul de la surface de collage par abris :

40 x 100 + 9 x 40 x 2 + 100 x 5 = 5220 cm2 ou   0,522 M2

- Calcul de la bio masse utile par abris :

Bio masse = 0,552 X 350 juvéniles (par m2-= 195   x 32 soit 6 200   juvéniles (arrondi).

> **L'introduction des abris sur le sol**

L'installation des abris bois s'effectue selon l'agencement souhaité par l'éleveur. Pour une surface utile de 40 M2 , il est possible de poser 30 à 32 abris en tenant compte des espaces libres nécessaires aux déplacements à l'intérieur du parc , et au couvert végétal entre les abris, de la façon suivante  (annexe 1).

Entre le filet et la rangée d'abris, prévoir environ 20 cm d'espace libre,

Entre deux rangs d'abris, prévoir environ une zone de 40 à 70 cm pour le couvert végétal séparée par une bande centrale de 30 cm réservée à la zone de déplacement.

Vous disposerez ainsi d'un périmètre d'accès aux abris par l'extérieur le long du filet et à l'intérieur via les zones de déplacement. Ces dernières peuvent être recouvertes d'une toile de paillage afin d'éviter la pousse des mauvaises herbes et faciliter ainsi le travail.

Une fois l'introduction des abris terminée, il faut délimiter le parc pour la pose du filet anti-évasion.

> **La pose du filet anti-évasion**

Il existe différents systèmes anti-évasion qui vont du répulsif au physique :

- Clôture avec du gros sel,
- Clôture composée d'un mélange de matière grasse et de savon noir,

- Clôture rigide composée soit par du grillage ou d'une moustiquaire fixée sur un cadre soit par des panneaux en fibro ciment,

- Clôture avec filet nylon et 2 rabats antifuite type italien ou filet nylon avec un dispositif électrique type Diatex.

Pour ma part, je retiendrais le dernier modèle, plus facile à installer et à maintenir mais aussi, plus onéreux. Ce système appelé aussi clôture électrique consiste en un ensemble de 4 bandes en inox de polarité opposée d'une largeur de 4 mm et disposées sur toute la longueur du filet. Cet ensemble court tout le long du filet et il est cousu à quelques centimètres de l'ourlet de fixation.

Une tranchée large de 15 cm et profonde de 20 cm est creusée suivant les délimitations. On placera dans la tranchée tous les 1,20 m soit un piquet de bois (de section 30 mm) ou de fer (section 12mm) de 0,75m ou de 1m de haut suivant la hauteur du filet. Le piquet possède un ergot qui permettra l'accrochage du filet par son ourlet. La hauteur du filet au sol varie entre 30 et 50 cm. La partie basse du filet soit 20 à 25 cm est ensuite posée au fond de la tranchée puis recouverte de terre , en veillant à ce que le filet soit bien tendu.

La jonction des deux parties du filet fait l'objet d'une attention particulière.

Pour chacune des extrémités, le surplus de filet est enroulé sur un morceau de bois,

Ils sont ensuite liés ensemble et fixés sur le piquet. Ne pas laisser d'espace pour éviter les évasions.

Puis les bandes métalliques sont introduites dans un connecteur type gros domino

Le câblage s'effectue sur le domino en respectant les polarités :

Feuillards pour les pôles positifs   couleurs bleu et noir,
Feuillards pour les pôles négatifs couleurs jaune et vert .
L'ensemble est protégé par un adhésif étanche.

Connecter les pôles négatifs au piquet de terre.

Amener les fils au boitier d'alimentation qui contiendra l'électrification 12 volts .

Ce boitier d'alimentation servira à protéger l'électificateur contre les intempéries, ce dernier sera alimenté grâce à une prise .

## ➤ Le couvert végétal

C'est une zone verte indispensable pour la phase engraissement des escargots, pour trois raisons principales :
- Assurer une alimentation aux juvéniles les 10 ou 15 premiers jours de leur introduction   dans le parc,
- Créer une zone humide à proximité des abris, et servir de tampon en cas de variations importantes de la température.
- Fournir un refuge aux petits escargots durant la période diurne.

Le couvert végétal joue un rôle de régulateur des excréments. Il peut être constitué par diverses espèces par ordre d'appétence :

- Le trèfle nain ;
- Le gazon
- La luzerne ;
- Le plantain,
- Le ray-grass

Pour ma part, je préconise l'utilisation de gazon ou du trèfle nain pour limiter la hauteur de la végétation. Les trous d'environ 20 cm de diamètre et de 8 à 10 cm de profondeur sont réalisés à l'aide d'une tarière manuelle, pour l'implantation du couvert végétal.

Les semis doivent être effectués suffisamment tôt au printemps pour assurer un développement optimal du couvert lors de l'introduction des jeunes escargots dans le parc vers la fin Mars/Avril (selon la région).

Le terrain est amandé avec un terreau horticole, puis les graines sont semées soit en ligne soit en petits cercles espacés de 20 cm. Enfin, les semis sont recouverts d'une fine couche de terreau, puis légèrement tassés et arrosés.

## ➤ Le système d'arrosage aérien

L'arrosage est destiné principalement à fournir une certaine quantité d'eau afin de maintenir un taux d'humidité à l'intérieur du parc. Il déclenche le réveil et la sortie des escargots à l'extérieur des abris pour aller s'alimenter. La nourriture distribuée sur les mangeoires s'imprègne d'humidité et devient plus facilement ingérable, de sorte qu'il n'est pas nécessaire de disposer d'abreuvoir dans le parc.

Suivant la taille des parcs qui sera retenue, plusieurs systèmes peuvent être adoptés :

- arrosage à l'aide d'asperseurs tournants montés sur pied,

- arrosage à l'aide de brunisseurs ou des buses d'aspersage montées sur tuyaux PVC d'un diamètre de 27mm au minimum, afin d'assurer un bon débit d'eau sous une pression de de 2,5 à 3 bars.

Les buses d'arrosage sont installées au-dessus du parc à une hauteur de 1 à 1,50 m.

L'eau est acheminée par un tuyau en pvc d'un diamètre 30 mm couplé à une électrovanne commandée par un programmateur électronique).

Si l'eau est fournie par un puits, il est nécessaire d'installer à la sortie de l'électrovanne un filtre 80 microns, pour éviter l'obstruction des buses par le sable contenu dans l'eau (photo).

Le programmateur électronique permet un arrosage automatique ; la fréquence, comme la durée peuvent être réglées en fonction des conditions climatiques du moment.

2 rangés de diffuseurs pendulaires avec les 16 asperseurs montés sur masselottes (poids) sont disposés au*dessus des mangeoires

Des Poteaux supportent deus câbles en acier servant à soutenir les rampes aériennes d'arrosage

Le rôle du filtre : retenir dans un tamis les particules fines de sable aspirées par la pompe du puits, pour ne pas obstruer les brumisateurs.

> Le système d'arrosage au sol

L'installation d'un circuit d'eau destiné à l'arrosage des zones vertes n'est pas obligatoire.

Néanmoins, elle peut se concevoir pour deux raisons :

- la surface du parc est petite,

-le parc est particulièrement exposé au vent et au soleil en période estivale.

Dès lors, il n'est pas nécessaire de relier ce système au programmateur électronique, car sa mise en route sera ponctuelle et déclenchée manuellement. Il faut adapter sur le circuit un filtre et une vanne qui commande l'ouverture et l'arrêt de l'arrivée d'eau.

Le tuyau de distribution d'eau d'une section de 27 mm au minimum est disposé de manière à arroser correctement les plants. Cet arrosage s'effectue par le biais de diffuseurs bas débit fixés sur le tuyau de distribution espacés tous les 20/30 cm. Le modèle et le nombre de diffuseurs dépendent des paramètres suivants : longueur de la zone verte à arroser, diamètre du tuyau de distribution, pression d'eau à la sortie du filtre. Si le débit est insuffisant, il faut alors dédoubler le circuit d'arrosage et placer une vanne de direction.

### ➢ Le programmateur électronique d'arrosage

Obligatoire pour ne pas être tributaire des arrosages quotidiens, ou en cas d'absence, il permet de réguler la distribution d'eau dans le parc.
Le boitier étanche, doit être placé de préférence sous abris et ne pas être en contact avec l'eau d'arrosage. Alimentation en 220 volts. Le modèle choisi parmi l'importante gamme proposée sur le marché, doit fournir les fonctions minimales suivantes :

- 2 voies
- 2 programmes
- 3 départs
- conservation du programme lors d'une coupure électrique générale.

Grâce à la possibilité de programmer des horaires d'arrosage efficaces, le système peut contribuer à économiser de l'eau en évitant l'arrosage excessif.
Certains modèles sont dotés de capteurs météorologiques intégrés, ajustant automatiquement les horaires d'arrosage en fonction des conditions climatiques.
Un programmateur peut être configuré pour gérer plusieurs zones d'arrosage, permettant aux différentes parties du parc d'engraissement reçoivent la quantité d'eau nécessaire. Les inconvénients potentiels du programmateur d'arrosage automatique incluent son coût initial élevé et sa configuration parfois complexe, ainsi que la dépendance à l'électricité avec une possible interruption de fonctionnement en cas de panne de courant.

## ➢ L'électrification Haute Tension

Cet appareil permet d'alimenter le ruban métallique fixé sur la partie haute du filet nylon et constitue avec ce dernier le système anti-évasion. Bien choisir un électrificateur est important. Il existe différents appareils sur le marché qui ne sont pas toujours adaptés pour l'héliciculture, car trop puissants pour de nombreux modèles. La mise en place et l'utilisation d'un électrificateur doivent respecter certaines règles aux risques de voir périr les escargots ou de les voir s'évader dans la nature. Il est donc important de bien lire le document technique fourni avec l'appareil.

Quelques règles fondamentales à observer lors de la pose:

- S'assurer que la clôture électrique ne présente pas de coupure au niveau des feuillards.
- S'assurer qu'il n'y a pas d'erreur de branchement dans les connections entre le domino , le piquet de terre et les bornes + et – de l'électrificateur.
- Isoler l'appareil et la borne électrique, pour cela un boitier s'avère indispensable si l'électrificateur est posé en extérieur.
- installer un minuteur afin de couper l'appareil en journée , quand les escargots sont en sommeil.
- Poser un parafoudre si la région subit souvent des orages violents.
- Les feuillards du ruban électrique doivent être souvent nettoyés.

De quel type d'appareil faut-il s'équiper?

Le choix se portera sur un appareil de basse impédance, avec une puissance forte mais modulable et conforme à la réglementation. Pour un parc moyen ou petit le modèle HELISTOP double tensions de sortie 5000 et 10000 volts convient parfaitement, il peut protéger efficacement un parc équipé d'une clôture électrique de plusieurs centaines de mètres de long.

L'électrificateur dans un parc d'engraissement est utilisé pour électrifier le filet installé autour de l'enclos des escargots, constitué de 3 feuillards.

L'électrificateur haute tension fonctionne en stockant de l'énergie, en l'augmentant à un niveau élevé, puis en la libérant sous forme d'impulsions électriques à travers une clôture.

L'appareil produit des impulsions de plusieurs milliers de volts avec un ampérage très faible, généralement en milliampères ou microampères. Bien que le voltage soit élevé, (de l'ordre de 1000 à 20000 volts selon e système , la courte durée de l'impulsion minimise les risques de blessures graves, assurant une utilisation dissuasive sans danger.

Suivre les instructions du fabricant est essentiel pour une utilisation sûre et efficace… Voici quelques avantages et inconvénients associés à l'utilisation de l'électrificateur dans un parc clos pour escargots :

| Avantages | Inconvénients |
| --- | --- |
| Prévention des évasions | Nécessite une surveillance régulière |
| Protection contre les prédateurs | Possibilité de chocs accidentels |
| Installation flexible | Entretien requis |
| Sécurité pour l'éleveur | Dépendance à l'alimentation électrique |
| Coût relativement faible | Impact sur d'autres animaux |

Ce tableau résume les points positifs et négatifs associés à l'utilisation d'un électrificateur couplé à un filet anti-évasion dans un parc d'élevage d'escargots.

# PRINCIPES DE CONDUITE D'UN PETIT    PARC D'ENGRAISSEMENT

Vous venez de terminer la construction de votre parc et vous allez bientôt 'lâcher' les nouveaux nés dénommés juvéniles dans l'enclos avec pour objectif de les engraisser.

Vous allez durant environ 12à 14 semaines les voir se développer et dépasser pour beaucoup d'entre eux plus de quarante fois leur poids de naissance lors de la mise en parc !

Comment se comporter avec les escargots ?

A priori, cette question semble incongrue, mais, comme il y a des règles de conduites dans chaque élevage, il y a une manière de se comporter avec les escargots. Tout d'abord ce mollusque est fragile, particulièrement le naissain (qui vient de naître). A l'éclosion le petit escargot possède toutes ses caractéristiques biologiques externes; son poids est en moyenne de 35mg , et sa coquille mesure environ 2,5 à 3,5 mm. Adulte, il pourra peser plus de 27 grammes et sa coquille dépasser 4 cm de diamètre !

Dans la nature, pour atteindre ce poids et cette taille, il lui faudrait 2 à 3 ans. En parc, c'est en seulement 12 ou 14 semaines qu'il atteindra ces caractéristiques, à condition de respecter des règles de conduite et d'hygiène.

➢ Influences des principaux facteurs externes :

De nombreux facteurs agissent sur le comportement des escargots, les principaux sont :

- L'humidité.

C'est le taux d'humidité de l'air ambiant qui 'active ' l'escargot. En période de rosée ou de pluie, il sort de sa léthargie pour aller se nourrir. L'escargot est en lutte permanente contre l'élimination de l'humidité de son corps (dessication). Son humidité préférentielle lorsqu'il est en activité se situe entre 75 et 95%.

- La température.

C'est aussi la température extérieure qui régit l'activité de l'escargot. Une température trop basse (< 10) entraine son hibernation tandis qu'une température de plus de 28 degrés le pousse à la léthargie voire à l'estivation (en cas de sécheresse).

- L'éclairage.

C'est surtout en période de reproduction que la lumière et sa durée ( la photopériode) ont une grande importance dans le comportement de l'escargot. En parc d'élevage extérieur l'activité diurne et nocturne agiront principalement sur sa croissance.

- La nourriture.

Dans la nature, un escargot sauvage mange ce qu'il trouve, il est phytophage. La qualité comme la quantité de nourriture sont très variables et dépendent du biotope. S'il fallait nourrir un élevage d'escargot avec exclusivement de l'aliment végétal (salades, choux, pissenlits etc...), il en faudrait de 6 à 7 kg  pour produire 1 kg d'escargot (en extérieur non chauffé). Aujourd'hui l'aliment composé spécifique (sous forme de farine ou de granulés) a remplacé le végétal.
L'indice de consommation (qté nécessaire pour produire 1kg d'escargot) atteint pour certains produits 1,5 à 1,7. C'est la raison pour laquelle la croissance de l'escargot en parc est très rapide : de 12 à 14 semaines selon le climat pour obtenir des escargots bordés.

En résumé :

Pour réussir votre élevage, il faut mettre toutes les chances de votre côté : avoir des escargots originaires de bonnes souches, un bon savoir-faire, un environnement et un sol en bonne santé, de l'eau en quantité bien gérée et de qualité, et enfin, une nourriture bien pensée bien dosée.


➢ Le lâcher des escargots dans le parc :

**Rappel :** Il est important de ne pas confondre 'Naissain' et 'Juvéniles'
Le naissain est communément appelé ponte ou l'éclosion des œufs. Le juvénile est un escargot âgé de 2 à 3 semaines.

Vous avez pris contact cet hiver auprès d'un héliciculteur professionnel et, vous savez qu'il peut vous fournir des juvéniles de Gros-Gris âgés. Sachez que peu d'éleveurs amateurs pratiquent la nurserie qui consiste à garder les naissains à l'abri du froid, dans des enceintes particulières, tout en les nourrissant avec du végétal naturel ou avec une farine pour juvénile, plus adaptée à leur délicat métabolisme. Cette étape est délicate à mettre en œuvre car elle demande de la part de l'éleveur, un contrôle de l'humidité, de la photopériode (durée de la lumière) et des manipulations supplémentaires, mais elle a l'avantage de diminuer la mortalité du naissain et d'obtenir une meilleure homogénéité dans la taille des juvéniles avant leur mise en parc. En règle générale les escargots sont mis à l'engraissement après 3 ou 4 semaines de nurserie.

- Combien coûte les juvéniles ?

Le prix varie entre 50 et 100 euros les 10.000 juvéniles pour le gros-gris ou le gros blond selon la quantité demandée et la région de production Sachez qu'une quantité de dix mille naissains est dérisoire pour un fournisseur).

- Où faut-il se fournir ?

Beaucoup d'éleveurs vendent des juvéniles en France et même depuis l'Europe : Lituanie, Portugal, Belgique. Un conseil : achetez vos juvéniles chez un éleveur confirmé et identifié dans votre région, car ils seront génétiquement adaptés aux conditions climatiques du lieu de leur naissance.

Evitez de faire venir des jeunes escargots de Bretagne pour les lâcher dans le Var ou inversement, c'est prendre un risque inutile de faire grimper le taux de mortalité les premières semaines de croissance. Evitez le fournisseur hors France, comme la Turquie car le risque de mortalité à l'arrivée du colis est grand.

-    Est-il nécessaire d'acheter de la farine pour nourrir les juvéniles ?

Non, puisque vous ne pratiquez pas la nurserie. Assurez-vous que votre couvert végétal est varié et qu'il s'est bien développé. Il fournira la nourriture et un abri aux jeunes escargots les premières semaines.


> À quelle date faut-il lâcher les juvéniles ?

De préférence après les gelées d'hiver, lorsque les conditions climatiques sont favorables. La bonne période est mi-mai. Dans certaines régions plus méridionales aux hivers plus doux, cette opération peut se faire fin avril début mai, alors que pour les départements plus au nord , il est nécessaire d'attendre la fin du mois de mai après les saints de glace.

➢ Quel volume d'escargots faut-il lâcher dans son parc

Lorsqu'un escargot pond, il dépose au fond du trou qu'il a creusé dans le terreau avec sa tête, environ, une centaine d'œufs (moyenne du Gros-Gris). L'héliciculteur donne à cette activée le nom de PONTE. Chaque pot de ponte est enregistré,  puis mise à l'abris durant le temps nécessaire à l'incubation qui dure entre 15 et 20 jours.

Les œufs vont alors éclore petit à petit et les bébés monter à la surface pour se coller sur une plaque de verre ou de plexiglass préalablement posée sur le pot de ponte.
Le professionnel peut ainsi comptabiliser le nombre de pontes et le nombre d'éclosions réussies (naissain). Le taux de natalité doit être au minimum de 70% .

Pour un professionnel, la manière la plus simple de compter le naissain produit est de se baser sur le nombre de pontes effectives et sur la quantité moyenne d'œufs pondus par ponte, exemple :

-  soit le nombre de pontes 1 000 ,

-  soit la moyenne des œufs pondus par ponte : 100,

Le calcul du nb de naissances envisagées est simple : 1000 X 100 = 10.000 naissains.

Malgré toutes les précautions prises au stade de la reproduction et pendant la phase d'incubation, il faut savoir que pour une quantité d'œufs pondus une partie sera stérile et qu'un pourcentage non négligeable de naissains périra dans les quelques jours qui suivront les éclosions. En conséquence, veillez bien à ce que le lot de naissains qui vous sera remis aura bien été contrôlé au préalable par l'éleveur.
Assurez-vous que l'emballage soit hermétique et étiqueté avec les informations suivantes :  date dès l'éclosions, espèce et quantité d'œufs viables.

Sur une hypothèse optimiste, prévoyez les premières semaines, une perte de 10% après le lâcher des juvéniles achetés.
Sur la même proposition, prévoyez une perte additionnelle d'environ 15% pendant la phase d'engraissement.
Il faudra aussi tenir compte des écrasements accidentels lors des déplacements dans le parc et de la mortalité durant la période de jeûne avant l'abattage pour ces aléas, prévoyez une perte de 10 % supplémentaire.
Dans cette hypothèse vous aurez perdu non pas 35%, mais 31,6 % de vos escargots.
Pour atteindre le chiffre théorique de production souhaité de 6 500 escargots, il vous faudra lâcher dans votre parc l'équivalent de : 9 000 naissains !

Vous pouvez bien sûr pondérer toutes les valeurs énumérées dans le tableau ci-après.

La perte ici, due aux aléas n'est pas chiffrée dans les calculs.

Il faudra aussi compter sur une perte à l'issue de la période d'engraissement.
En effet, un pourcentage d'individus n'atteindra pas la taille idéal (non bordés) pour être commercialisés ; ces escargots seront déclassés ou conservés l'hiver pour une remise en parc l'année suivante. Statistiquement cette perte peut être estimée entre 5 et 6% .

➢ Tableau du nombre de juvéniles dont vous avez besoin

| nb juvéniles à lacher | % perte au lacher | % perte au nourrissage | % perte au ramassage | hypothèse production | % perte au total |
|---|---|---|---|---|---|
| 12 000 | 5 | 10 | 5 | 9747 | 18,78 |
| 11 000 | 5 | 10 | 5 | 8935 | 18,78 |
| 10 000 | 5 | 10 | 5 | 8123 | 18,78 |
| 9 000 | 5 | 10 | 5 | 7310 | 18,78 |
| 8 000 | 5 | 10 | 5 | 6498 | 18,78 |
| 12 000 | 5 | 20 | 10 | 8208 | 31,60 |
| 9 000 | 5 | 20 | 10 | 6156 | 31,60 |
| 8 000 | 5 | 20 | 10 | 5472 | 31,60 |
| 7 000 | 5 | 20 | 10 | 4788 | 31,60 |
| 6 000 | 5 | 20 | 10 | 4104 | 31,60 |
| 12 000 | 5 | 25 | 5 | 8123 | 32,31 |
| 10 000 | 5 | 25 | 5 | 6769 | 32,31 |
| 8 000 | 5 | 25 | 5 | 5415 | 32,31 |
| 7 000 | 5 | 25 | 5 | 4738 | 32,31 |
| 6 000 | 5 | 25 | 5 | 4061 | 32,31 |
| 12 000 | 5 | 15 | 10 | 8721 | 27,33 |
| 10 000 | 5 | 15 | 10 | 7268 | 27,33 |
| 8 000 | 5 | 15 | 10 | 5814 | 27,33 |
| 7 000 | 5 | 15 | 10 | 5087 | 27,33 |
| 6 000 | 5 | 15 | 10 | 4361 | 27,33 |

Ces chiffres restent théoriques , ils ont uniquement une valeur d'estimation

Lecture du tableau : selon le % estimé total des pertes.
Exemple : pour 20% de perte, si on souhaite produire environ 9700 chairs d'escargot, il faudra se procurer au minimum :  12000 juvéniles .

➢ Comment lâcher les juvéniles dans son parc ?

Le juvénile âgé d'une ou deux semaines est particulièrement fragile. Son poids est compris entre 35 mg et 50 mg, et sa taille est entre 3 et 4 mm. Il n'est donc pas question de le manipuler avec les doigts. Munissez-vous d'un pinceau en poil très souple large de 3 à 4 centimètres. Choisissez un jour couvert ou pluvieux. Effectuez votre lâcher de préférence à la tombée de la nuit, après avoir procédé éventuellement à un arrosage de 3 ou 4 minutes, afin de bien humidifier le couvert végétal. Après l'ouverture d'une boite, versez délicatement l'amas d'escargots dans l'herbe ; utilisez le pinceau pour décoller ceux qui adhèrent encore aux parois, sous le couvercle et sur le fond. Ne pas insister si vous ne parvenez pas à décoller les plus résistants. Vous déposerez alors, couvercle ouvert, la boite sous un abris, afin que l'eau des arrosages suivants ne remplissent pas le récipient qui pourrait contenir encore du juvénile, ce qui provoquerait leur noyade.

Vous pouvez choisir de répartir l'ensemble des juvéniles au centre de votre parc ou bien faire une répartition équilibrée sur la surface du parc. Cela n'a pas beaucoup d'importance car les escargots vont migrer dans toutes les directions après quelques jours.
Marquez les abris avec une pierre, afin de retrouver et retirer les boites 48 heures après. Vous comptabiliserez éventuellement le nombre de coquilles encore présentes dans la boite qui sont en fait du juvénile mort.

Vous pouvez pratiquer le lâcher des juvéniles en deux fois en observant un intervalle maximum de 8 à 10 jours entre le premier et le second lâcher. Vous pourrez ainsi étaler dans le temps vos ramassages d'escargots

➢ Charge biotique initiale d'un petit parc

D'après l'étude des résultats obtenus à la station hélicicole de l'ITAVI au Magnéraud sur l'escargot petit gris, (ITAVI Daguzan 1982) la charge biotique varie de 46,1 g à 82,8 g / M2 au sol, valeurs correspondant à un effectif de 6000 individus par parc de 10 m2 , âgés de 14 à 42jours.

Si on extrapole les chiffres, la charge biotique d'un parc de 40M2,  peut être estimée raisonnablement à 18 000 individus.

➢ L'alimentation de vos escargots

A l'origine de l'héliciculture, l'aliment distribué était composé essentiellement de végétaux verts: choux, salades, orties etc.... Cette alimentation respectait le phytophage des mollusques. L'inconvénient majeur de ce type d'aliment est qu'il est composé de plus de 80% d'eau et que l'indice de consommation est très faible : il faut en moyenne plus de 6 kg d'aliment vert pour produire 1 kg d'escargots en parc extérieur non chauffé.

La recherche dans le domaine de l'alimentation animale ayant fait de grands progrès, il existe aujourd'hui des aliments composés sous la forme de mouture ou de granulés, destinés exclusivement à l'engraissement des escargots. Plusieurs fabricants se disputent le marché en France et déclinent leurs produits sous des marques et des appellations protégées et pour des applications spécifiques : reproduction, juvénile, engraissement, complémentaire neutre ou bien encore unique compacte etc.

Chaque fabricant possède sa propre recette qui est généralement composée de diverses matières premières naturelles : céréales et oléagineux, présentées sous la forme d'un mélange broyé plus ou moins finement et, auquel est ajouté en proportion du carbonate de calcium (CACO2 dosé entre 10 et 30%) ainsi qu'un antifongique assurant une bonne conservation de l'aliment et limitant les risques sanitaires.
Le fabricant garantit que les matières (céréales) entrant dans la composition des farines contiennent moins de 0,9% d'OGM, le lecteur appréciera !

Même si le prix à payer reste élevé, pour l'éleveur, l'utilisation d'un aliment composé de type farine est plus rentable et plus commode pour les raisons suivantes :

- Facilité dans le dosage et la distribution sur les mangeoires,
- très forte appétence,
- indice de consommation proche de 1,5,
- très bonne tenue dans le temps après distribution,
- résistant au contact de l'eau,
- longue conservation.

## Peut-on se passer de la farine du commerce ?

Il est possible, en effet de fabriquer soit même l'aliment pour son élevage.

Vous devez obligatoirement posséder un moulin électrique pour broyer les céréales, muni d'une grille fine. Il vous faudra alors vous procurez auprès des fournisseurs les différents éléments qui composent la recette de votre choix. Là, commence le parcours du combattant.

Pour ma part, j'en ai fait l'amère expérience, car malgré de nombreuses recherches, je n'ai pas pu trouver la totalité des ingrédients et j'ai dû me résoudre à revendre mon moulin .

Vous pouvez utiliser comme base de la recette, les aliments destinés à des espèces animales différentes , comme l'aliment pour le porcelet ou la poule pondeuse, ou encore le jeune faisan, auquel vous ajouterez du carbonate de calcium. Le résultat ne sera pas à mon avis bien équilibré et l'indice de consommation va augmenter fortement, avec le risque de constater à moyen terme un déséquilibre nutritionnel chez l'escargot, voire l'apparition de maladies.

- Voici une formule pour la fabrication d'un aliment bio amateur :

- Maïs……………………………30%
- Carbonate de calcium…29%
- Tourteau de tournesol…24%
- Phosphate bicalcique……5%
- Féverole …………………………5%
 -Son …………………………………5%
- Levure de bière …………1,5%
- sel …………………………………0,5%

Vous pouvez vous passer du moulin en apportant votre mélange à une minoterie.

➢ Le nourrissage des escargots

La distribution de l'aliment s'effectue en règle générale au coucher du soleil, au moment où la chaleur de l'été est tombée. Jusqu'à 8 semaines nourrissez tous les soirs. Au-delà vous pouvez distribuer de l'aliment tous les 2 jours si vous jugez qu'il en reste suffisamment sur les planches. La farine se dégrade rapidement au contact du soleil et après plusieurs arrosages.

Lors du lâcher des juvéniles et pendant 8 jours, parsemez un peu de farine sur l'herbe pour habituer les juvéniles à l'odeur et au goût de la farine.

Dès l'apparition des escargots sur le dessus des abris commencer à distribuer l'aliment. Comme le montre les illustrations. Il faudra veiller à contrôler la quantité déposée sur les mangeoires afin de ne pas gaspiller la farine. En effet la quantité de nourriture absorbée par les escargots est proportionnelle à leur taille.

Vous éviterez ainsi d'attirer les oiseaux ou de faire grossir les limaces qui envahiront votre parc.

• Comment procéder ?

L'arrosage doit précéder le nourrissage, mais ce n'est pas une obligation. Il y a deux écoles :  la distribution de l'aliment sec sur les mangeoires humides, ou la distribution suivie d'un arrosage. Pour ma part je procédé à un premier arrosage copieux afin de provoquer le réveil des escargots, puis, dans la foulée à la distribution de la farine. Un deuxième arrosage plus léger interviendra peu après pour apporter l'eau nécessaire aux escargots et humidifier la farine pour la rendre ainsi plus facilement assimilable.

Pour une quantité de 10 000 de juvéniles mise en parc, la distribution de 1 kg à 1,5kg les 15 premiers jours suffit. Si vous constatez que les mangeoires sont vides augmentez progressivement la quantité de farine.

Déposez une bande de farine large de quelques centimètres sur le dessus, au centre et sur toute la longueur de l'abris.  Pour cela, utilisez un récipient en plastique genre sceau à chlore pour piscine (que vous aurez préalablement nettoyé),  muni d'une anse. Ce récipient contiendra la quantité nécessaire au nourrissage, vous éviterez ainsi de faire des allers-retours si vous manquez de farine. Remplissez votre main et déposez la farine dans un geste rapide et linéaire le long de la mangeoire, répétez l'opération si la ligne de farine est incomplète.

Pour un dosage régulier, la main doit être peu ouverte et la hauteur de chute inférieure à 10 cm. L'aliment déposé ne doit pas faire un gros tas, car il deviendra compact et dur sous l'action de l'eau et du soleil.

Lorsqu'il y a du vent, cette façon de procéder est très efficace.

Vérifier la mortalité à l'occasion du nourrissage. Enlevez tous les morts qui souillent le parc et sous les abris. Comptabilisez les coquilles ramassées.

✓ L'arrosage du parc

Cette activité est vitale et doit être assurée au minimum une fois par jour pour plusieurs raisons :

- Provoquer le réveil des escargots,

- Apporter l'hygrométrie nécessaire et suffisante à leur bien être lors des activités nocturnes pour les déplacements et la prise de nourriture,

- Arroser le couvert végétal,

- Nettoyer le dessus des abris

- Créer des zones de fraicheur persistantes où se réfugie l'escargot en période de chaleur.

L'eau est distribuée de manière uniforme sur toute la surface du parc grâce aux asperseurs disposés sur les rampes d'arrosage placées au-dessus des abris.

L'eau doit se déposer en fines gouttelettes, comme un brouillard afin de ne pas constituer de poches d'eau sur les mangeoires et de dissoudre l'aliment. Si le parc n'est pas abrité, l'utilisation de brumisateurs peut s'avérer moins efficace en cas de vent fort. Sous l'effet de ce dernier, en effet, les très fines gouttes d'eau sont balayées et ne se déposent qu'en partie seulement sur le couvert végétal et les abris. Pour que les brumisateurs soient plus opérants, il faudrait qu'ils soient placés à quelque dizaines de centimètres seulement du sol.

• Quelle quantité d'eau faut-il fournir ?

Si vous arrosez avec l'eau en provenance d'un puits , d'un canal, d'une rivière ou encore avec l'eau de la ville,  l'impact se verra avant tout sur votre facture !  Il faudra donc dans certains cas modérer votre quantité d'eau sans gêner le développement de vos escargots.

Pour distribuer l'eau de façon la plus efficace et rationnelle possible c'est de mettre en place un programmateur couplé à une ou plusieurs électrovannes qui commanderont l'ouverture et la fermeture des sorties d'eau.

L'arrosage en fin de journée déclenche le réveil et la montée des escargots sur les planches d'abris qui servent de mangeoires. L'eau conditionne les escargots et les maintiens en activité nocturne afin qu'ils puissent s'alimenter au maximum. Il faut donc leur distribuer une quantité d'eau suffisante et sans excès qui dépendra principalement des facteurs suivants :

- exposition du parc, ombrage existant,

- température de la journée, (début printemps, plein ou fin de l'été), sécheresse

- hygrométrie (jour de pluie, temps pluvieux ou couvert),

 Pour un petit parc, le temps de distribution de l'aliment est court par conséquent l'arrosage peut être effectué en plusieurs fois à des horaires différents et sur des durées variables . Vérifiez que le programmateur choisi autorise toutes ces fonctions.

En ce qui me concerne, voilà un programme d'arrosage pour toute la saison, du mois d'avril à fin septembre. Selon le lieux géographique, les arrosages devront être adaptés aux températures locales. Dans ce tableau les plage et la durée des arrosages sont établis pour le sud de la  France.

## Tableau des arrosages

PROGRAMME D4ARROSAGE – 1 STATION -VENT < 30KM/H

MOIS         H        DUREE

Fin Avril    19h :    8mm

Mai          19h45 : 8mm   22h : 6mm

Déb. Juin   20h :  6mm   21h: 4mm   23h15 :  4 mm   5h :  3mm

Mi Juin     20h :  7mm   20h30 :  6mm   21h30 :  6mm   5h :  3mm

Juillet      20h :   8mm   20h30 :  6mm   21h: 4mm   21h30: 3mm   5h : 3mm

Aout        20h :   8mm   20h30 :  6mm   22h: 4mm   24h: 3mm   5h  3 mm

Septembre   19h45   7mm   20h30   5mm   23h :  4mm   5h :   3mm

La consommation d'eau sera calculée comme
suit :
Volume en litres =  Nb d 'asperseurs  X  débit litre / H  X  nb arrosages

➢ Le ramassage et le stockage des escargots:

La récolte des escargots peut être effectuée selon votre organisation en une fois ou alors plusieurs étapes. En théorie, les premiers escargots bordés seront ramassés entre le début et le 15 juillet, et la récolte s'échelonnera jusqu'au 15 septembre, car tous les escargots ne sont pas bordés au même moment. Le premier ramassage sera certainement peu important. Effectuez plusieurs récoltes, car cela ne sert à rien de nourrir plus longtemps des escargots bordés. Le bon moment pour la cueillette est la fin de l'après-midi quand il fait le moins chaud, car cette activité est fatigante et pénible pour le dos. Elle consiste à soulever les abris les uns après les autres en les maintenant par un bout de bois en position inclinée pour faciliter la récolte, puis à procéder de la manière suivante :

Rassemblez les claies de stockage en nombre suffisant et disposez d'un seau pour contenir les morts. Entrez dans le parc sans précipitation et en regardant où l'on pose ses pieds. Choisissez tous les escargots qui présentent un bourrelet dur à l'extrémité de son péristome. Ecartez tous les escargots morts. Replacez l'abris en veillant à ne pas écraser de jeunes coquilles.

Les escargots ramassés peuvent être lavés pour les débarrasser de la terre, puis placés dans des claies ajourées ou des filets de stockage en nylon (style filet à patates).

Suivant la dimension de la claie, veillez à ne pas surpeupler la caisse afin d'éviter les écrasements. Dans le modèle ci-dessous il faut placer 120 pièces au maximum. Les claies ou les filets doivent être stockés au frais à l'ombre et suspendus pour les derniers afin que le fond des escargots ne soit pas en contact avec le sol.

Placez un ventilateur (force 2) à proximité pour assurer une bonne aération et une mise en sommeil rapide des escargots. Assurez-vous qu'il n'y a pas d'ouverture pour éviter les évasions

Le stockage dans ces conditions ne doit pas dépasser 3 jours. Procéder à l'abattage suivant le mode opératoire décrit au chapitre suivant.

Prenez soin de compter les escargots ramassés et tous les escargots morts pour vos statistiques.

Note : C'est par son bord externe qu'une coquille s'agrandit : celui-ci, mince et fragile au début, devient ensuite rigide on dit alors que l'escargot est « bordé.

# LA PREPARATION DES ESCARGOTS

Voilà vos premiers escargots ramassés et stockés. Pour que le transit intestinal se soit accompli, ils ont dû jeuner pendant 48 à 72 heures, mais en principe 36 heures suffisent pour que l'estomac de l'escargot se vide complètement.

Vous allez procéder aux opérations les plus délicates et quelque peu…douloureuses afin de préparer puis de conditionner les chairs. Vous constaterez que la grosseur des escargots bordés est à peu près homogène, bien que certains soient très gros, le poids moyen est d'environ de 19 grammes, certaines coquilles peuvent pesées plus de 20 gr.

Le mode opératoire de la préparation des escargots s'effectue en 4 étapes :

- Abattage,
- Extraction,
- Nettoyage,
- Conditionnement.


> ➢ L'abattage des escargots :

Préparez tout d'abord votre matériel.
Cette première étape consiste à ébouillanter les escargots que vous avez mis à jeuner dans les filets ou dans les claies de stockage. Selon la quantité d'escargots que vous aurez récoltée en une plusieurs fois, les différentes actions qui suivent pourront être renouvelées.

Préférez une alimentation au gaz du réchaud afin de fournir une puissance de chauffe importante et rapide. Je conseille de réaliser cette opération à l'extérieur, évitez d'utiliser la cuisine car l'odeur dégagée par la cuisson des escargots n'est pas agréable.

1)- Remplissez d'eau au ¾ une grande marmite ou un grand faitout de 25 à 30 litres, couvrez le récipient, puis amenez l'eau à une température d'ébullition.

2)- Pendant la phase de chauffe, sortez les escargots et triez-les en mettant de côté tous les morts. En effet, pour différentes raisons (température extérieure, sécheresse, maladie, tassement) un certain nombre périra pendant la phase de jeune. La quantité peut varier de façon importante selon les conditions et la durée de stockage.

3)- Décrottez correctement les coquilles sous un jet d'eau en brassant légèrement les escargots à la main. Les escargots défèquent beaucoup durant leur sommeil.

4)- Placez 3 à 5 kg d'escargots lavés dans un filet nylon à maille étroite et résistant à la chaleur, pesez le sac, puis notez son poids. Plongez ensuite le filet pendant 8 à 9 mm dans l'eau en ébullition.

5)- Refroissez immédiatement le filet dans un bac d'eau froide, afin de pouvoir manipulez les coquilles sans se bruler les doigts

La phase d'abattage est terminée, passez à la phase d'extraction des chairs.

> ➤ L'Extraction des chairs ou décoquillage :

Cette étape consiste à extraire un à un les escargots de leur coquille. Elle doit être s'effectuée à l'intérieur d'un bâtiment propre. Nettoyez correctement les différents ustensiles que vous utiliserez et portez des gants alimentaires . Cette opération doit respecter un protocole d'hygiène absolu.

Préparez tout d'abord votre matériel, Pensez à déposer sur le sol à proximité de la table une poubelle ou un sac PVC.:

1)- Placez sur une table propre et désinfectée :

> une bassine en plastique,
> un saladier en verre,

2)- versez encore tiède, le contenu du filet dans le bac plastique, munissez-vous d'un petit pic en bois ou d'une fourchette à escargot.

3)- Saisissez une coquille si elle n'est pas trop chaude et, à l'aide d'un pic en bois pointu ou d'une fourchette à escargot, sortez la chair. Cette opération est facilement réalisable quand la coquille est encore tiède. Le pied de l'animal ainsi que la partie appelée hépatopancréas ou tortillon (foie, intestin, parties génitales) sortent simultanément.

4)- Conservez uniquement le pied de l'escargot (dénommé chair ) en détachant le tortillon.

5)- Placez les chairs dans le saladier et les coquilles vides dans le sac poubelle.

Si vous souhaitez conserver les coquilles afin de les utiliser dans une préparation culinaire à la Bourguignonne, vous devrez les faire tremper au préalable une heure dans une solution de soude caustique (10%) et d'eau, dans le but de débarrasser les particules qui pourraient encore adhérer dans la cavité columellaire de la coquille. Rincer, puis faites bouillir les coquilles 30mm dans une solution d'eau très salée. Rincer ensuite dans plusieurs eau les coquilles et les vider complètement de leur eau une à une et, pour terminer, disposez les coquilles sur une tôle et faites-les sécher dans un four chaud quelques minutes. Rangez-les ensuite dans une boite hermétique.

La phase d'extraction est terminée, passez à la phase de nettoyage des chairs.

> ## Le nettoyage des chairs :

La plus grande attention doit être apportée à cette phase afin de respecter une hygiène maximale. En conséquence, avant toute conservation des chairs, la phase de nettoyage doit être réalisée immédiatement après celles de l'abattage/extraction. Elle doit se dérouler dans une pièce fermée et propre. Le nettoyage permet d'enlever les impuretés qui adhérent sur la chair de l'animal, ainsi que son muscus (bave).

Il est important d'effectuer cette opération pour obtenir une chair d'une qualité exceptionnelle qualité. Mais, néanmoins vous pouvez supprimer ou ne réaliser cette opération qu'une seule fois.

Préparez tout d'abord votre matériel :

Selon le volume des chairs à nettoyer Vous devez disposer d'une quantité suffisante de gros sel et de vinaigre blanc.  Pour 5 kg de chair à nettoyer, il faut 60 cl de vinaigre et 90 grammes de sel.
Nettoyez correctement les différents ustensiles que vous utiliserez et portez des gants alimentaires . Cette opération doit respecter un protocole d'hygiène absolu.

Placez sur une table à proximité d'un point d'eau :

> une grande passoire à grande maille ,
> une grande bassine en plastique
> un grand saladier en verre.

Procédez selon la méthode ci-après en répétant 3 fois les étapes 1 et 2 afin d'enlever un maximum de bave.

- Etape 1 :

- Mettre dans la bassine les chairs , versez 15 à 20 centilitres de vinaigre blanc et couvrez les chairs d'eau froide.

- Après 2 ou 3 mn de macération, brassez lentement et régulièrement les chairs pendant 2 à 3 minutes.

- Versez les chairs dans la passoire et rincez-les à l'eau fraiche abondamment.

- Etape 2 :

- Mettre à nouveau dans la bassine les chairs, versez 30 grammes de gros sel et couvrez avec de l'eau.

- Brassez vigoureusement les chairs afin de détacher les petites particules d'intestin encore présentes ainsi que le mucus. Prolongez l'opération durant deux à trois minutes.

- Versez les chairs dans la passoire et rincez abondamment à l'eau fraiche.
- retour à l'étape 1.

Pour un nettoyage plus précis, ne traitez qu'un kilo de chair à la fois.  Réservez les chairs dans le saladier après le dernier rinçage.

- Etape 3 :

Munissez-vous d'une petite balance de poche précise à 1/10 gramme.

- Après nettoyage complet du matériel, une à une les chairs sont pesées, triées en fonction de leur poids et classées par taille selon le barème suivant :

| Taille | poids |
|---|---|
| PETITE GROSSEUR : | > 3   à 5 gr compris |
| MOYEN GROSSEUR : | > 5   à 6,60 gr maximum |
| BELLE GROSSEUR : | > 6,60 à 8,80 gr maximum |
| TRES GROS : | > 8,80 gr et + |

- Munissez-vous de 4 sachets de congélation étiquetés, sur chacun vous inscrirez au feutre indélébile : la date d'abattage, le poids ainsi que le nombre de chairs et la taille.

- Mettre au congélateur ou au frais (4°) les sachets en attendant la cuisson au cours bouillon.

A l'issue de la phase de nettoyage, vous pouvez passer directement à la phase de conditionnement. La pesée et éventuellement la congélation seront effectuées après cuisson des chairs.

## ➢ Le conditionnement

La production d'escargots dans une activité individuelle à but commercial, vous oblige à vous montrer vigilant et à vous informer sur les règles à respecter en matière d'hygiène alimentaire lors du conditionnement des chairs (protection du consommateur), mais aussi sur les réglementations en vigueur qui régissent les différentes formes de commercialisation (emballage, publicité, entreposage, distribution).

Le conditionnement des chairs est l'aboutissement de votre production. Il détermine à terme le mode de vente mais aussi la préparation culinaire du produit par le consommateur final qui peut être vous-même,  les proches de la famille, les amis ou vos clients.

Si vous souhaitez commercialiser sous la forme de conserve tout ou partie de votre production, l'idéal serait de vous rapprocher d'un professionnel local qui mettrait à votre disposition son laboratoire agréé pour réaliser le conditionnement et la stérilisation des chairs. Cette solution, si elle n'est pas économique, vous garantit la sécurité en matière d'hygiène et une réalisation de l'appertisation en une seule fois.

Il se peut que le propriétaire du laboratoire de transformation vous loue son local à la condition que vous soyez "formé" ou "habilité" à utiliser un autoclave. Dans cette éventualité, négociez avec lui la réalisation de l'appertisation des bocaux que vous aurez vous même conditionnés. A charge pour vous d'effectuer la livraison et la récupération de la marchandise.

## ➢ Réalisation du court bouillon :

Si vous réalisez le court bouillon chez vous, prévoyez un très grand faitout pouvant contenir 6 à 8 litres d'eau salée et 5 à 10 kilogrammes de chairs. Epluchez sans le découper un oignon et 3 gousses d'ail que vous mettrez dans l'eau froid avec un petit bouquet de thym et 3 feuilles de laurier ainsi que 15 grains de poivre noir. Couvrez et portez à ébullition.

Selon la quantité d'eau, délayez lentement 2 à 3 sachets de court bouillon "tout prêt" de la marque de votre choix, puis versez les chairs d'escargot dans cette préparation. Bien mélanger. A ébullition de l'eau laissez cuire 40 minutes, puis, couvercle ouvert, laissez reposer le court bouillon 15 mm.

➢ Les chairs obtenues après cuisson doivent être tendres et pas caoutchouteuses. Si c'est le cas, prolonger la cuisson, jusqu'à obtenir la qualité souhaitée.

➢ Remplissage des bocaux :

Procurez-vous dans le commerce spécialisé ou chez l'héliciculteur professionnel possédant son laboratoire de transformation, les bocaux de verre de la taille que vous souhaitez. Cette solution à l'avantage de n'acheter que la quantité nécessaire, selon la formule suivante :

Nb bocaux nécessaires = poids en kg des chairs nettoyées * 0,85 / 0,23.

Prévoyez quelques unités supplémentaires pour palier à la casse !

Vous aurez pendant la cuisson du court bouillon pris soin de désinfecter couvercles et bocaux en les faisant tremper 5 minutes dans une solution d'eau additionnée d'un produit professionnel anti bactérien et fongicide (dégraissant et désinfectant alimentaire) agréé du commerce tel que "Soligerme".
Egouttez les chairs dans un récipient et conservez le court bouillon pour le remplissage des bocaux.
Faites bouillir au préalable les bocaux 5 mm avant leur utilisation dans un faitout.
Les bocaux neufs ou anciens doivent être stérilisés de cette manière .

Si vous utilisez des bocaux de verre d'une capacité 350ml,  pesez à l'aide d'une balance de précision 230 grammes de chair que vous déposerez au fond du bocal en tassant légèrement, puis versez une quantité de bouillon jusqu'à couvrir légèrement les chairs en laissant environ 2 cm d'air dans le bocal. Positionnez le couvercle "twist" et visser le sans le bloquer.
Vous pouvez aussi utiliser des bocaux de contenance moindre comme 220 ml.
Essuyez le bocal pour éviter qu'il vous échappe des mains lors d'une prochaine manipulation.

Marquez chaque bocal d'une lettre (sur la tranche du couvercle)  à l'aide d'un feutre noir à encre indélébile afin d'identifier la taille des chairs au moment de l'étiquetage des conserves :

- "P"    pour petit
- "MG" pour moyenne grosseur
- "BG» pour belle grosseur
- "TG» pour très gros.
Ainsi conditionnés, les bocaux sont prêts pour la stérilisation qui doit être effectuée au plus tard dans les 12 heures qui suivent, pour éviter toute prolifération inutile des bactéries et assurer ainsi une meilleure conservation du produit.

Une fois stérilisés attendre 7 jours et procédez à un contrôle aléatoire de vos conserves en ouvrant 2 bocaux pris au hasard.

En l'absence d'un bruit caractéristique à l'ouverture du couvercle (petit chuintement provoqué par la pénétration de l'air dans le bocal et / ou en présence d'une mauvaise odeur, rejetez la conserve et procédez dès lors à une vérification plus poussée du lot des conserves. La consommation d'une conserve douteuse peut être dangereuse et provoquer une intoxication aux conséquences graves pour l'organisme et la santé.

➢ L'étiquetage :

Dans le cas d'une vente commerciale, un étiquetage de la conserve est obligatoire. La réglementation en vigueur impose la présence de certaines mentions :

- dénomination de vente : "Chairs d'escargots Gros-Gris cuisinés au court-bouillon",
- le nombre de pièces (en douzaine), et la grosseur (belle, moyenne, petite)
- poids net des chairs égouttées,
- Nom ou raison sociale ou coordonnées du fabricant,
- date de fabrication et date limite de conservation,
- N° du lot.

# OPERATIONS NECESSAIRES EN FIN DE SAISON

### ➢ Nettoyage du parc

Le fond de parc, c'est quoi ? C'est tous les escargots non récoltés lors du dernier ramassage. Ils représentent un lot relativement petit constitué d'escargots bordés et non bordés de petite taille. Retrait des escargots non commercialisables. Un tri sera alors nécessaire afin de séparer les escargots bordés encore commercialisables du reste du lot. Ceux-ci seront soit remis en liberté, soit conservés puis relâchés en l'état après l'hibernation des individus, au même titre que les reproducteurs, afin qu'ils achèvent leur croissance.
Note : Les escargots qui ont suivis un cycle de reproduction ne devront en aucun cas être relâchés dans le parc afin d'éviter que des pontes ne soient générées dans le parc, car ce dernier n'a pas vocation à devenir une nurserie. Note : un escargot peut se reproduire plusieurs fois pendant la période de reproduction.
Retrait des cadavres et coquilles vides Bien que le retrait des escargots morts et des coquilles vides se soit poursuivi tout au long de la saison pendant les ramassages successifs, beaucoup seront encore présents dans le parc. Vous déciderez d'effectuer votre dernier ramassage entre la mi-septembre et le mois d'octobre. Après cette récolte, il vous faut nettoyer le parc.

### ➢ Destruction des limaces

Cet animal aura infesté votre parc et se sera développé en se nourrissant au même titre que vos escargots. C'est un véritable parasite que vous aurez en vain essayé d'éradiquer lors des visites du parc durant la saison. Une fois ramassées, ces limaces seront brûlées.

### ➢ Nettoyage des abris bois

Tous les abris bois seront retirés du parc et passés au karcher afin d'éliminer les excréments restés collés aux parois, puis ils seront séchés et mis au sec sous abri.

### ➢ Nettoyage du sol

La végétation sera coupée au ras du sol et débarrassée des débris de coquilles qui s'y trouveraient encore. Le système d'irrigation sera vérifié et réparé si nécessaire.

### ➢ Contrôle de la clôture électrique

Le système électrique sera débranché, l'électrificateur sera déconnecté et mis sous abri, le filet anti-évasion sera contrôlé et nettoyé.

## • Choix des reproducteurs

Si vous décidez de conserver un certain nombre d'escargots qui vous serviront comme reproducteurs la saison prochaine, choisissez ceux qui sont bordés et qui ont un poids minimum de 15 à 20 grammes.
Ces reproducteurs vous fourniront une quantité de juvéniles que vous n'aurez pas à acheter lors de la saison suivante.

✓ Ce qu'il faut savoir :

1/ Il faut 2 escargots pour créer une ponte ou deux pontes. Bien que l'escargot soit hermaphrodite, et qu'il possède la fois les 2 sexes, il est incapable d'autofécondation, c'est à dire que l'on observe des individus avec des organes femelles et mâles à maturité bien que les organes génitaux mâles puissent se développer avant les organes génitaux femelles, l'accouplement est donc nécessaire pour la reproduction : (Pirame, 2003 ; Dahirel, 2014 ; Aubert et Simoncelli, 2017 ; thèse Faculté de Médecine de Créteil (UPEC) 2020 ENVA).

2/ Un escargot peut s'accoupler plusieurs fois pendant sa période de reproduction.

3/ Conserver un nombre suffisant de bordés pour obtenir le nombre de juvéniles souhaité.

✓ Calcul théorique :

Soit 35 à 40 œufs par ponte,
Soit 5000 le nombre de juvéniles souhaités,
Soit 2 escargots pour un accouplement,
Soit 10 % de perte lors de l'hibernation des escargots,
Soit 20 % de perte après la ponte,

Quel est le nombre d'escargots bordés qu'il faut conserver pour la reproduction ?

Résultat 372 escargots minimum.

Ce calcul offre une estimation qui ne pourrait se vérifier que par l'expérience que vous aurez acquise lors de la phase reproduction. En effet, tous les escargots ne vont pas se reproduire mais certains se reproduiront plusieurs fois durant la période et de fait, le nombre d'œufs pondus peut varier énormément. La ponte d'un gros gris peut-être parfois estimée à 200 pondus en une seule fois.

En outre, je n'ai pas tenu compte dans ce calcul du pourcentage de perte des juvéniles avant le lâcher dans le parc période des premières croissances des juvéniles.

# DE LA NECESSITE DE L'HIBERNATION DU REPRODUCTEUR

Dans la nature l'escargot sauvage se met en léthargie dès les premières fois d'octobre,  jusqu'au début du printemps quand la température extérieure remonte au-dessus de 15° ; cet état s'appelle l'hibernation de l'animal au même titre que de nombreuses espèces : l'ours, la marmotte : l' écureuil : les insectes etc. La photopériode et la température sont des variables saisonnières qui induisent les états d'inactivité et déclenche l'hibernation . Cet état est une réponse à des stress environnementaux prévisibles (Bailey, 1981 ;

Aupinel et Daguzan, 1989 ; Aupinel et Bonner, 1996 ; Ansart et Vernon, 2003).

Chez l'escargot adulte l'hibernation est nécessaire afin qu'il développer sa maturation sexuelle.

Rappel :  l'escargot est adulte quand il présente un durcissement du bord de la coquille qui s'est retourné en formant un léger bourrelet


## ➢ Conservation des reproducteurs

Une fois récoltés et lavés les futurs reproducteurs seront stockés soit dans un filet type à pomme de terre soit dans une clairette hermétique et aérer de dimension suffisante il faut stocker les reproducteurs.

Le local d'hibernation doit permettre respecter une hygrométrie relativement faible (< 85 %) et une

Température entre 5 °C et 7 °C.

Note : Aussi une centaine d'escargots adultes d'un poids de 16 à 20 g peuvent être suffisante pour fournir le nombre de juvéniles dont vous avez besoin pour ensemencer votre parc.

# LES  ANNEXES / TABLEAUX ANALYTIQUES

✓ STATISTIQUES DE PRODUCTION

✓ DEPENSES  D'INVESTISSEMENT

✓ CALENDRIER DE L'HELICICULTEUR

✓ LISTE DES FOURNISSEURS MATERIELS

Aux différentes étapes de la production, toutes les d'informations utiles à l'établissement d'un tableau analytique de production seront relevées avec précision. L'éleveur amateur pourra ainsi tirer en fin d'exercice un bilan général de son activité, dans le but d'améliorer la rentabilité de sa petite exploitation et d'en tirer tous les enseignements pour éventuellement agrandir son parc pour obtenir une production plus importante.

Dans le tableau N° 1 (pour l'exemple), vous identifierez les différentes informations ( fond rose) relevées tout au long d'un exercice : du lâcher des juvéniles à la stérilisation des bocaux.

Dans le tableau N° 2 (pour l'exemple), vous identifierez les différents postes de dépenses pour la réalisation d'un petit parc de 40M2 .

Dans le tableau N °3, vous trouverez une liste des différentes tâches à réaliser qui est réparties sur les 12 mois de votre première année d'exploitation.

Dans le tableau N° 4, sont identifiés des fournisseurs de matériels pour la construction et l'exploitation du parc, pour la préparation et la conservation des escargots.

Tableau N° 1                    STATISTIQUES DE PRODUCTION

Il s'agit des résultats obtenus sur un volume de juvéniles lâchés dans un parc en extérieur de 40M2 sur un nombre calculé de 10 opérations de ramassages

1  ELEVAGE GROS GRIS  & BDF  2019          STATISTIQUES D 'EXPLOITATION

| | R1 | R2 | R3 | R4 | R5 | R6 | R7 | R8 | R9 | R10 | TOTAUX |
|---|---|---|---|---|---|---|---|---|---|---|---|
| Ramassage | 16/7 | 22/7 | 27/7 | 29/7 | 2/8 | 4/8 | 6/8 | 11/8 | 16/8 | 25/8 | |
| Abattage | 21/7 | 27/7 | 30/7 | 2/8 | 5/8 | 9/8 | 11/8 | 16/8 | 19/8 | 30/8 | |
| Congélation cru | | | | 2/8 | | | | | | | |
| CUISSON | 21/7 | 27/7 | 3/8 | 5/8 | 6/8 | 10/8 | 12/8 | 16/8 | 19/8 | 30/8 | |
| Congélation cuit | | 27/7 | 4/8 | 6/8 | 7/8 | 11/8 | 13/8 | 17/8 | 20/8 | 1/9 | |
| Stérilisation | 22/7 | | | | | | | | | | |
| Qté de chairs | 399 | 540 | 606 | 437 | 458 | 545 | 472 | 586 | 642 | 370 | 5 055 |
| Poids brut en gr | 8960 | 11610 | 11750 | 7420 | 10917 | 11224 | 10634 | 11215 | 13750 | 4809 | 102 289 |
| NB  GG | 380 | 490 | 492 | 396 | 350 | 454 | 415 | 448 | 497 | 242 | 4164 |
| NB BDF | 19 | 50 | 114 | 41 | 108 | 91 | 57 | 138 | 145 | 128 | 969 |
| Morts  séchage | 16 | 75 | 50 | 29 | 2 | 56 | 50 | 137 | 86 | 26 | 523 |
| Pds net éviscéré | 3500 | 4620 | 6020 | 2850 | 3864 | 5096 | 4628 | 5135 | 5650 | 2387 | 43 750 |
| Pds net cuit  gr | 2590 | 3327 | 3974 | 1853 | 2396 | 3414 | 2870 | 3235 | 3357 | 1575 | 28 591 |
| Bocal 230 gr | 92 | | | | | | | | | | |

| | | |
|---|---|---|
| NB Naissains lâchés | 7 000 | |
| | | ZONES DE SAISIE : |
| NB Escargots ramassés vifs | 5 133 | |
| MORTALITE MALADIE | 680 | GG = GROS GRIS |
| MORTALITE au séchage | 523 | BDF = BLOND DE FLANDRE |
| MORTALITE des adultes | 1 203 | |
| MORTALITE NAISSAINS | 664 | R1 à  R10 > N° du ramassage |
| % mortalité des naissains | 9,49 | |
| % mortalité des adultes | 18,99 | |
| poids moyen vif gr | 20,24 | |
| poids total net égoutté gr | 28 591 | |

Poids moyen un escargot :  5,66 g

Nombre de chairs cuisinées : 5055 soit environ 420 douzaines

# Tableau N° 2    DEPENSES  D'INVESTISSEMENT pour le parc 2019-2020

## BUDGET D' INVESTISSEMENT        PARC ENGRAISSEMENT

| | | | | |
|---|---|---|---|---|
| Dépenses réalisées | 2 884,15 € | | | |
| Budget prévisionnel | 3 000,00 € | Écart sur budget  Prév, | 115,85 € | |
| FINANCEMENT | 2 500,00 € | Écart sur financement | -384,15€ | |

| Produits ou évènements | Date achat | Désignation | | Montant |
|---|---|---|---|---|
| DIATEX | 12/06/19 | FILET  ESCARGOT STOP | | 804,15 |
| BRICO MARCHE | 15/07/19 | Bois | | 152,10 |
| CASTORAMA | 07/11/19 | Clous | | 43,72 |
| FERRONNERIE | 20/08/19 | PIQUETS | | 43,94 |
| CHAPRON | 07/11/19 | Electrificateur | | 307,58 |
| LEROY MERLIN | 04/11/19 | Scie circulaire | | 147,03 |
| GNIS | 27/07/19 | GRAINE | | 20,28 |
| BRICO MARCHE | 10/11/19 | ELECTRICITE | | 43,94 |
| LEBONCOIN | 10/12/19 | BRISE-VENT | | 101,40 |
| IRRIJARDIN | 19/12/19 | ARROSAGE SOL | | 96,33 |
| BRICOMARCHE | 06/06/19 | BOIS | | 118,30 |
| RIVIERRE | 25/10/19 | FERS RONDS | | 70,98 |
| DE MEIS | 30/03/20 | Naissains | 3000 | 59,15 |
| BERTON | 20/04/20 | Aliment | | 288,64 |
| ANNOVAZZI | 24/04/20 | Naissains | 6000 | 92,95 |
| ANNOVAZZI | 10/08/20 | BOCAUX | 350ML | 70,98 |
| ANNOVAZZI | 15/03/20 | APPERTISATION | | 175,76 |
| WEB | 24/01/19 | TARIERE | | 99,71 |
| France ARROSAGE | 02/02/20 | ARROSAGE aérien | | 229,11 |
| VERT PROVENCE | 30/01/20 | SEMENCES | | 72,57 |
| LEBONCOIN | 11/02/20 | MOULIN CEREALES CR | | 329,55 |
| CASTORAMA | 07/02/20 | POSTE A SOUDER | | 109,85 |
| WEB | 08/02/20 | CABLE ACIER | | 67,60 |
| WEB | 11/02/20 | Colliers plastique | | 14,37 |
| BRICOMAN | 17/02/20 | Sable, colliers, fil de tension | | 70,98 |
| BRICOMAN | 03/03/20 | DIVERS | | 22,98 |
| IRIJARDIN | 28/02/20 | Raccord collier | | 56,45 |
| DIVERS | 30/03/20 | Petit matériel | | 39,00 |

Financement nécessaire pour la création d'un parc extérieur de 40 M2

Tableau n° 3

## CALENDRIER DE L' HELICICULTEUR  AMATEUR  1ere année d'exercice

| **MOIS** | **Taches à effectuer** |
|---|---|
| Septembre | Réflexions projet , recherche de fournisseurs, d'informations techniques |
| Octobre | Préparation du terrain, d'herbage, nettoyage, labour grossier |
| Novembre | Achat du matériel et des fournitures pour la construction du parc |
| Décembre | Mise sur plan du parc et choix des équipements |
| | Réservation des naissains, réservation de l'aliment |
| | Planification des tâches à effectuer |
| Janvier | Achat de matériel et de fournitures complémentaires |
| | Constructions des abris bois, terminer la préparation du terrain |
| Février | Construction du parc, des systèmes d'arrosage, pose du filet électrique |
| Mars | Fin des travaux de la réalisation du parc , pose des abris sur le terrain |
| | Plantation des semences du couvert végétal |
| Avril | Installation du système électrique, du programmateur et de l'électrificateur |
| | Réception de l'aliment , stockage, vérifications générales des systèmes |
| Mai | Début du mois, si plus de gelée, lâcher des naissais dans le parc |
| | Commencer le nourrissage 8 jours après |
| Mai | Coupes régulières du couvert végétal |
| Juin | Engraissement, arrosages quotidiens,  surveillance, contrôle des mortalités |
| | Pesées régulières d'échantillons, et contrôles visuels |
| | de l'évolution du cheptel  en soirée |
| Juillet | Ramassages et préparations des escargots |
| Août | |
| Septembre | Pesées comptages et mise en conserves, |
| | Enlèvement des abris, nettoyage du parc, du filet électrique |
| Octobre | Dénombrement des morts sur le terrain |
| | Nettoyage et désinfection des abris et du parc, réparations |
| Novembre | Mise à jour des statistiques de production |
| Décembre | Commercialisation de la production, statistiques et bilan de l'exercice |

Tableau n° 4                                  LISTE DES FOURNISSEURS

| NOMS | ADRESSE | TELEPHONE | FOURNITURES |
| --- | --- | --- | --- |
| CHAPRON LEMENAGER | Z.A DU CALVAIRE 14230 ISIGNY SUR MER | 02.31.22.02.55 | Cordons, piquets, isolateurs, Électrificateurs, accessoires de clôture |
| LISAPL SARL | 5125, ROUTE D'AVIGNON LA CALADE 13540 PUYRICARD | 04.90.14.28.00 | Céréales, fournitures jardins |
| BERTON SARL | RTE DEPARTEMENTALE 23 85510 LE BOUPERE | 02.51.92.00.29 | Fourniture alimentation animale |
| VERT PROVENCE | CD6 LA BARQUE 13710 FUVEAU | 04.42.58.54.76. | Graines et fournitures jardin |
| FRANCE ARROSAGE | ZAC LES FRESNES 13109 SIMIANE COLLONGUE | 04.42.22.60.05 | Micro-irrigation, arrosage de surface pompe filtration |
| DIATEX | ZI LA MOUCHE 58 CH. DES SOURCES 69230 SAINT-GENIS-LAVAL | 04.78.86.85.00 | Filet anti-évasion ruban électrique Bâche d'ombrage |
| TECHNA | 5 RUE ETTORE BUGATTI B.P. 57 67038 STRASBOURG | 03.88.77.07.29. | Stérilisateur ménager Bocaux Stérilisateur |
| M.C.M EMBALLAGES | 16 RUE D OTTROTT 67200 STRASBOURG | 03.88.55.17.75 | Pasteurisateur ménager Bocaux |
| E-BOTTLE SEUROPE BVBA | MOERELEI 129 B-2610 WILRIJK | 32 03.828.00.36 | Bocaux |
| BOUILLON SARL | 226,Ruede République BP 90003 59541 CAUDRY | 03.27.85.22.66 | Brise-vue, toiles d'ombrage |
| C.D.P. CONSERVES | Z.I. DE L'HIPPODROME B.P. 1009 32005 AUCH | 05.62.63.39.22 | Bocaux, caisses de stockage Cuiseurs, marmites |
| GALLAGHER | 135 RUE JACQUES DUCLOS 93600 AULNAYS SOUS BOIS | 0.820.203.700 | Clôture électrique, cordon, Électrificateurs, piquets |

Note : les adresses et les n° de téléphones des entreprises citées sont sujets à des changements, l'auteur ne garantit pas l'exactitude des informations.

# ETUDE DE CAS : CALCUL DE LA RENTABILITE

➢ Compte d'exploitation année 1.

Le compte d'exploitation est un document financier qui liste tout ce que l'entreprise a gagné, dépensé, et a coûté sur une période de 12 mois. La rentabilité, souvent exprimée en pourcentage montre les gains par rapport à ce qu'on a investi au début de l'année. Voici un exemple de calcul basé sur des données obtenue par l'auteur, lors de son exploitation.

**Capital départ : 2000 euros**

**1. Emprunt : 3500 euros**
- o Remboursement sur 3 ans: 3500 /3 = 1166,67 euros (hors intérêts).

**2. Dépenses opérationnelles :**
- o Construction parc et aménagement : 2000 euros
- o Fournitures diverses : 1500 euros
- o Achat de 20 000 juvéniles : 200 euros
- o Achat stock nourriture : 160 euros
- o Dépenses eau, électricité : 120 euros
- o Amortissement (portion annuelle) : 3500 euros / 3 ans = 1166,67 €
- o Matières premières : 550 euros

**3. Recettes :**
- o Vente en coquilles préparées : 5625 euros
- o Ventes en conserves : 1770 euros
- o Autres recettes (si possible ) non chiffrées

**4. Coûts de production :**
Sigma des montants des dépenses opérationnelles = **4530** euros.

**Calcul du Bénéfice Net**

Bénéfice Net = 7395−4530−1166.67 = 1698.**33€**

**5. Calcul la rentabilité :** Rentabilité = (1698.33 / 2000) ×100 = **84.92 %**

Explications : Les matières premières sont : le beurre, le sel, le vinaigre, les légumes. La perte estimée des juvéniles sur la période : 20% . Poids moyen de la chair après traitement et calibrage 6 grammes . Nombre de coquilles préparées au beurre : 469 douzaines , prix de vente ttc de la douzaine : 12 euros . Nombres de conserves de 6 douzaines : 118 (280 gr net). Prix de vente d'une conserve stérilisée : 15 euros ttc

# DOCUMENTATIONS   SITES INTERNET ET ASSOCIATIONS

- **Documentations :**

  - Ed. DE VECCHI : -l'élevage des escargots  ( Patrick Mouilane)
    -guide complet de l'élevage des escargots (F.Marasco  C. Murciano)
  - Institut technique d'aviculture :  l'Escargot , Paris
  - Ed. SANDERS : L'élevage de l'escargot auteur J. Cadard
  - Ed. Du Point Vétérinaire : L'élevage des escargots( M. Rousselet)
  - Ed. DARGAUD : Les escargots : un élevage d'avenir (H. Chevalier)
  - Rapport 21130-P du CGAAER (07-22) établi par Anne Dufour et Patrick Falcone
  - **I.T.A.V.I** (1981-1985) auteur Daguzan Résultats obtenus à la station hélicicole du Magnéraud   à Surgères.

Il existe bien sûr beaucoup d'autres ouvrages édités sur l'héliciculture.

- **Sites internet : pour plus d'informations sur des offres techniques et commerciales:**

  - https://www.gireaud.net/especes.htm
  - https://www.escargote.fr/
  - https://www.heliciculture.net/
  - http://www.helinove.com/
  - https://www.legasteropde.com/
  - https://www.escargotieredumarquenterre.fr/

- **Associations :**

- On compte actuellement 5 associations régionales :
- Association Spécialisée des Producteurs d'Escargots des Régions du Secteur Alpin (ASPERSA) : 75 adhérents
- Héliciculteurs du Grand Ouest (HGO) : 37 adhérents
- Groupement des Héliciculteurs de Bourgogne – Franche-Comté (GHBFC) : 27 adhérents
- Groupement des Héliciculteurs du Nord Est (GHNE) : 25 adhérents
- Association des Héliciculteurs de Midi-Pyrénées (AHMP): 15 adhérents23.